—— 2021 年 ——

山东省海洋经济发展报告

山东省发展和改革委员会　山东省海洋局　编

海洋出版社

2022 年·北京

2021NIAN SHANDONGSHENG HAIYANG JINGJI FAZHAN BAOGAO

图书在版编目（CIP）数据

2021年山东省海洋经济发展报告 / 山东省发展和改革委员会，山东省海洋局编. -- 北京：海洋出版社，2022.10

ISBN 978-7-5210-1032-9

Ⅰ.①2… Ⅱ.①山… ②山… Ⅲ.①海洋经济－区域经济发展－研究报告－山东－2021 Ⅳ.①P74

中国版本图书馆CIP数据核字(2022)第200705号

责任编辑：赵　娟
责任印制：安　淼

海洋出版社 出版发行

http://www.oceanpress.com.cn

北京市海淀区大慧寺路8号　邮编：100081

鸿博昊天科技有限公司印刷　新华书店北京发行所经销

2022年10月第1版　2022年12月北京第1次印刷

开本：787mm×1092mm　印张：4.5

字数：52千字　定价：55.00元

发行部：010-62100090　邮购部：010-62100072　总编室：010-62100034

海洋版图书印、装错误可以随时退换

《2021年山东省海洋经济发展报告》
编委会

前　言

　　山东地处丝绸之路经济带和海上丝绸之路交会区域，是我国由南向北扩大开放、由东向西梯度发展的战略节点，海洋资源禀赋丰富，海洋产业体系完备，海洋科技优势突出。2021年，在以习近平同志为核心的党中央坚强领导下，山东深入贯彻落实党的十九大和十九届历次全会精神，全面贯彻落实总书记对山东工作的重要指示要求，立足新发展阶段，贯彻新发展理念，融入和服务新发展格局，锚定"走在前列、全面开创""三个走在前"总定位，贯彻落实"十二个着力"重点任务中关于发展海洋经济的战略部署，坚持陆海统筹，奋力向海图强，加快建设世界一流的海洋港口、完善的现代海洋产业体系、绿色可持续的海洋生态环境，全省海洋经济强劲恢复，高质量发展步伐坚实有力，引擎动能成效凸显，实现"十四五"良好开局。

　　为全面反映山东省海洋经济发展情况，山东省发展和改革委员会、山东省海洋局共同组织编写了《2021年山东省海洋经济发展报告》（以下简称《报告》）。《报告》以山东省海洋经济、海洋产业年度发展为核心，同时涵盖支撑海洋经济发展的海洋科技创新、海洋生态文明建设、海洋开放合作、海洋综合治理，全面展现全省海洋经济高质量发展成效。

　　《报告》编写得到了山东省省直有关部门、沿海市海洋主管局的大力支持，在此表示感谢。

2022 年 9 月

目 录

第一章

山东省海洋经济发展总体情况

2021 年是党和国家历史上具有里程碑意义的一年，也是山东省海洋工作不平凡的一年。全省上下以习近平总书记关于发展海洋经济、建设海洋强国的重要论述为指引，积极应对各种风险挑战，海洋经济强劲恢复，海洋产业结构持续优化，科技创新聚力驱动，绿色发展稳中提质，民生保障巩固增强，智慧港口建设提速，海洋对外贸易增速显著，全省海洋经济"十四五"开局良好。

海洋经济强劲恢复，动能引领逐步显现。海洋经济成为山东省经济复苏和新动能增长的关键领域。2021 年全省海洋生产总值 14 942 亿元[①]，位居全国前列，比上年增长 15.7%[②]，高于地区生产总值增速 1.6 个百分点。海洋生产总值占地区生产总值和全国海洋生产总值的比重分别为 18.0% 和 16.5%，对全省经济和全国海洋经济增长的贡献率分别达到 19.7% 和 18.7%。海洋经济进入总量增长和效率提升新阶段。《2021 年国家海洋创新指数》显示，在全国 11 个沿海省（自治区、直辖市）中，山东区域海洋创新指数位居全国第一梯次。

[①]本报告中涉及的海洋生产总值、海洋产业增加值数据均为自然资源部反馈数据。其中，2018 年、2019 年为再次核实数，2020 年为初步核实数，2021 年为初步核算数。相关数据后续调整以自然资源部最终核实反馈为准。

[②]本报告除特殊说明外，增速均为现价增速。

产业结构持续优化，发展业态日益向好。海洋第一产业增加值950 亿元，第二产业增加值 5 287 亿元，第三产业增加值 8 705 亿元，分别占海洋生产总值的 6.4%、35.4% 和 58.2%（图 1-1）。山东省主要海洋产业增加值 5 991 亿元，比上年增长 18.8%；海洋科研教育管理服务业增加值 3 658 亿元，比上年增长 8.2%；海洋相关产业增加值 5 293 亿元，比上年增长 17.9%（图 1-2）。主要海洋产业中，滨海旅游业、海洋交通运输业、海洋渔业占比达到 83.2%，以海水利用业、海洋生物医药业、海洋电力业为代表的海洋新兴产业发展迅速，增加值同比增长 19.2%[①]，高于主要海洋产业增加值增速 0.4 个百分点，高于海洋生产总值增速 3.5 个百分点（图 1-3）。

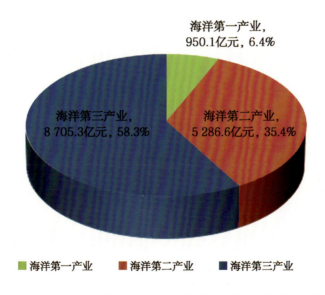

图 1-1 2021 年山东省海洋三次产业增加值及占海洋生产总值比重

[①] 此处海洋新兴产业增加值为海水利用业、海洋生物医药业、海洋电力业增加值之和。

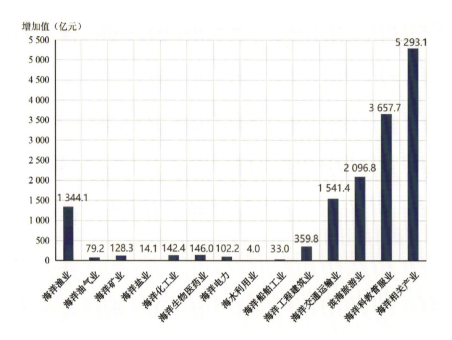

图 1-2 2021 年山东省海洋生产总值构成

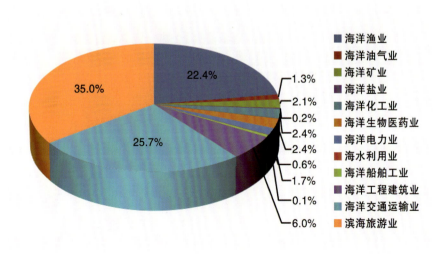

图 1-3 2021 年山东省主要海洋产业增加值构成

港口建设全速迈进，整合效能持续凸显。港口一体化改革成效显著，形成了以青岛港为龙头，日照港、烟台港为两翼，渤海湾港为延展的一体化协同发展格局。2021年，全省海向增航线、扩舱容、拓中转，新增航线35条，航线数量稳居我国北方港口第一位；陆向开班列、建陆港、拓货源，海铁联运量突破250万标准箱，稳居全国沿海港口首位。全省沿海港口完成货物吞吐量17.8亿吨，比上年增长5.5%，完成集装箱吞吐量3 447万标准箱，比上年增长8.0%。水路货物周转量2 802.4亿吨千米，比上年增长40.8%。海洋交通运输业实现增加值1 541亿元，比上年增长33.3%。

绿色发展稳中提质，有效保障资源供给。蓝色粮仓供应能力稳步增强，全省海水产品产量比上年增长3.1%，国家级海洋牧场示范区增至59个，超过全国总数的1/3。海洋蓝色药物研发与产业化持续推进，体内植入用超纯度海藻酸钠完成国家药品监督管理局药品审评中心登记备案，打破了该类产品的国际垄断，实现国产化生产。海洋能源供给力度不断增强，海洋原油、天然气产量分别比上年增长2.1%和21.8%。四大清洁能源基地之一的山东半岛千万千瓦级海上风电基地建设持续推进，沿海风电上网电量比上年增长30.6%。淡化海水纳入水资源统一配置体系，建成海水淡化工程40处，年产淡水能力达1.65亿吨，为沿海城市和海岛水资源安全提供了重要保障。

政策支持引导加大，发展路径更加清晰。山东省委召开海洋强省建设工作会议，省政府办公厅印发《山东省"十四五"海洋经济发展规划》，明确走海洋经济发达、海洋科技领先、海洋环境优美、海洋治理高效的现代化海洋强省之路。烟台、青岛、潍坊、威海、日照、滨州先后出台地方"十四五"海洋经济发展规划。青岛、烟台、威海完成全国海洋经济创新发展示范任务。坚持海洋科技创新与体制机制创新"双轮"驱动，推行"揭榜挂帅"制度，激发海洋科技创新活力，新增涉海高新技术企业 132 家，总数达到 482 家，海洋领域关键核心技术实现突破。海洋生态修复效果明显，黄河流域生态保护和高质量发展全力推进。蓝碳经济快速发展，海洋生态价值进一步实现。与此同时，世界一流海洋港口建设、海洋生态环境保护等涉海文件密集印发，全面助力"十四五"时期海洋经济高质量发展。

第二章

现代海洋产业体系日趋完善

第一节 海洋传统产业提质增效

一、海洋渔业

2021 年，山东省海洋渔业健康稳步发展，全年实现增加值 1 344 亿元，同比增长 14.8%。

生产能力稳中有增，结构更加优化。 2021 年全省海水产品产量 740.3 万吨，同比增长 3.1%。其中，海水养殖 537.4 万吨，同比增长 4.5%；海洋捕捞 169.2 万吨，同比增长 2.2%；远洋渔业 33.7 万吨，同比下降 12.2%（图 2-1）。渔业生产结构更加优化，海洋捕养比由 2016 年的 35:65 优化至 27:73。

图 2-1 2016—2021 年山东省海水产品产量及构成
数据来源：《中国渔业统计年鉴》（2017-2022 年）。

智能化、工厂化等设施渔业深入发展。全国首个国家深远海绿色养殖试验区建设进入新阶段，试验区"深蓝一号"网箱首次实现三文鱼规模化收鱼。2021 年全省深水网箱养殖水体增至 343.9 万立方米，增幅达 21.6%。海水工厂化养殖水体达 1 268.6 万立方米，同比增长 2.1%。

图 2-2 青岛国家深远海绿色养殖试验区"深蓝一号"网箱

海洋牧场建设持续稳步推进。5 家涉海企业获批国家级海洋牧场示范区。4 个项目获批山东省现代化海洋牧场建设综合试点项目并获中央投资 11 220 万元。建设国内首艘海洋牧场观测无人船。山东省首个海洋牧场"零碳"智慧用能示范区建成投运，每年可减少煤炭消耗 1 万吨，降低二氧化碳排放 100 吨以上。截至 2021 年底，全省共有国家级海洋牧场示范区 59 个，占全国的 39.3%。

图 2-3 山东省爱莲湾海域国家级海洋牧场示范区

海洋种业支撑作用凸显。2021 年全省新认定省级海水原、良种场 10 处。国家级对虾联合育种平台项目获批实施。黄河水系大闸蟹新品种选育取得新进展。耐高温、生长快的海参新品种"华春 1 号"选育成功。膨腹海马规模化人工育苗及养殖进展顺利。金乌贼、真鲷、石斑鱼等名贵苗种繁育技术推广普及。

远洋渔业稳步发展。经过 30 多年的发展，山东省远洋渔业产量和船队总体规模均位居全国前列。2021 年新开拓索马里、几内亚远洋渔业项目，远洋渔船作业海域遍及大西洋、印度洋、太平洋公海以及南美等近 20 个国家专属经济区，覆盖诸多"一带一路"沿线国家。全省实际经营的远洋渔船发展到 560 艘。4 处远洋渔业基地获得国家批准或备案建设。

海洋水产品加工集聚发展。海产品高值化利用研究与应用逐渐深入，综合利用能力与水平不断提高。威海荣成、烟台开发区、青岛西海岸新区、潍坊滨海开发区、日照高新区 5 个海产品精深加工产业集群不断发展壮大。其中，日照市海产品加工产业集群入选山东省"十强"产业"雁阵型"集群库。山东海洋集团冷链总部正式揭牌营业，建立了从源头到终端的集冷链加工、仓储、配送和销售一体化的综合供应链管理体系。

二、海洋船舶工业

2021 年，国内外航运业持续复苏，海洋船舶市场需求锐增，山东省海洋船舶工业实现增加值 33 亿元，同比增长 10.4%。

三大造船指标全面增长。2021 年全省造船完工量 352.3 万载重吨，同比增长 9.8%，占全国市场份额的 8.9%，位居第 4 位；新承接船舶订单量 631.7 万载重吨，同比增长 362.9%，占全国市场份额的 9.4%，位居第 3 位；年末手持船舶订单量 868.9 万载重吨，同比增长 55.2%，占全国市场份额的 9.1%，位居第 4 位（表 2-1，图 2-4）。

产业转型步伐不断加快。2021 年，山东省海洋船舶工业企业积极适应市场形势变化，主动整合优势资源，不断加大自主研发力度，创新求变补短板，向智能高端化转型升级，交付出一批具有代表性的高技术、高附加值产品。智能航行 300TEU 集装箱商船"智飞"号在女岛海区成功海试，首次在同一船舶上实现直流化、智能化两大技术跨越。

表 2-1 2021 年全国造船三大指标的地区分布比例

地区	造船完工量（%）	新承接船舶订单量（%）	年末手持船舶订单量（%）
江苏省	43.0	53.3	46.8
辽宁省	15.7	7.5	12.0
上海市	14.5	15.6	17.7
山东省	8.9	9.4	9.1
浙江省	6.7	5.8	4.2
广东省	5.5	7.0	8.4
其他地区	5.7	1.4	1.8

数据来源：中国船舶工业行业协会。

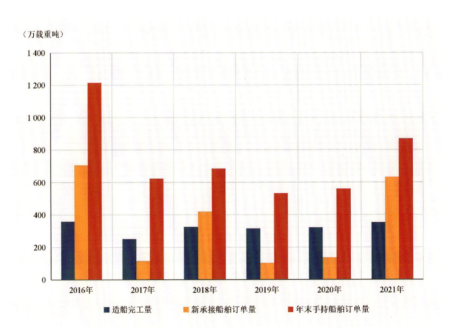

图 2-4 2016—2021 年山东省三大造船指标
数据来源：中国船舶工业行业协会。

新建的国内最大远洋渔业辅助运输船"华祥8"在石岛新港出航，该船满足 ICE-1A 冰区及 -25℃ 环境下的营运要求，可在南极海域从事运输生产。国内建造的万吨级远洋渔业辅助船"鲁荣远渔运 898"轮顺利下水，实现了冷桥结构在 CCS 级冷藏运输船上成功应用。国内首艘船舶能效设计指数达到第三阶段的双燃料客滚船 SALAMANCA 在威海"云交付"，其采用的双燃料设计将大大减少颗粒物、氮氧化物和二氧化碳排放。在"十四五"开局之年，山东省海洋船舶工业展现出广阔的发展前景。

三、海洋化工业

2021 年，山东省海洋化工业增长较快，全年实现增加值 142 亿元，同比增长 20.1%。近年来全省布局建设高端盐化工产业集聚区，加快推进盐化工产业纵向延伸与横向耦合拓展，推进溴素深加工产业功能化、高端化发展，引导传统氯碱下游产业精细化延伸。2021 年全省烧碱（折 100%）产量 1 044 万吨，约占全国总产量的 27%，溴素产量 5.1 万吨，约占全国总产量的 76%。海藻化工技术取得新突破，世界上最大褐藻酸盐和印花糊料生产商获中国生物刺激剂十大原料品牌奖。高端石化项目竣工验收，裕龙岛炼化一体化项目股权结构调整到位，已完成首期填海竣工验收，重大项目有力带动产业链条高端化发展。

图 2-5 裕龙岛炼化一体化项目效果图

四、海洋矿业

2021 年，海洋矿业向海要矿、资源接续、科技突破的脚步不停歇，全年实现增加值 128 亿元。研发滨海厚大破碎矿体高卤全尾砂似膏体充填关键技术，建成首座 1 500 立方米/天高卤全尾砂似膏体充填系统，开创我国滨海厚大破碎矿体高卤全尾砂似膏体充填的先例。全面推广应用滨海金矿床深部高效开采与灾害防控关键技术。启动"十四五"国家重点研发项目——非煤矿山重大安全风险智能预警技术及示范，为实现非煤矿山应急管理治理体系和治理能力现代化提供支撑。海洋矿业继续由"陆"向"海"、由"浅"到"深"迈进。

五、海洋油气业

2021年,海洋油气业快速发展,量价齐升,全年实现增加值79亿元,同比增长62.0%。海洋石油和天然气产量分别为352万吨、16 521万立方米,同比增长2.1%和21.8%。海洋油气开发取得重大突破,在渤海油田凹陷带浅层首次勘探出亿吨级岩性油气——垦利10-2大型油田,这是迄今为止我国海上发现的规模最大的岩性油田,展示了渤海岩性油气藏勘探的潜力,进一步夯实了我国海上油气资源储量基础,对保障国家能源安全具有重要意义。

图 2-6　中石化胜利海上油田埕岛中心一号平台

六、海洋盐业

　　山东省海洋盐业以得天独厚的地下卤水产盐为主，年产量达
2 300 万吨，约占全国海盐总产量的 3/4，地位和作用举足轻重。全
省现有制盐企业 88 家，其中产能超过 100 万吨的 7 家。2021 年全省
海洋盐业市场供应稳定，经营秩序明显好转，食盐保障、工业盐市场
运行势头良好，全年实现增加值 14 亿元。

　　产销一体格局初步形成，积极落实海洋盐业体制改革要求，释放
市场活力。推进行业数字化、信息化、智能化进程，探索利用电商交易、
商贸物流等新型销售模式，推进食盐电子追溯系统建设，启动山东盐

图 2-7　山东省潍坊市盐田俯瞰图

业大数据云平台建设并积极试点。加快盐行业标准化建设,团体标准《食用盐（海盐）原料盐》《食品加工用海盐》《原生态海盐》《原生态深井盐》处于国内领先水平,助力行业高质量发展。大力发展循环经济,养殖、提溴、制盐、卤水化工一水多用,盐田资源综合利用得到新提升。

第二节 海洋新兴产业蓬勃发展

一、海洋工程装备制造业

山东省加快发展高端海工装备制造业,在海洋油气、海洋风电、深远海养殖等海工装备制造方面优势显现。据中国船舶工业行业协会统计,2021年,山东省船舶与海洋工程装备产业实现营业收入518亿元,同比增长15.1%,增幅居全国首位;游艇出口量、深水半潜式钻井平台交付量分别占全国的50%和70%以上。

油气装备重振需求,领先优势持续巩固。全球首座十万吨级1 500米超深水半潜式生产储油平台"深海一号"能源站在山东省总装交付,在建造阶段汇集3项世界级创新,运用13项国内首创技术,实现10余种水下关键装备自主制造。首台国产海洋水下采油树设备在渤海油田成功应用,打破了西方石油公司的长期寡头垄断,与国外同类产品相比,该套系统重量降低40%、成本降低30%。

图 2-8 十万吨级 1 500 米超深水半潜式生产储油平台“深海一号”

培育壮大风电装备，助力推进绿色发展。全球首制的超大型海洋设施一体化拆解和安装多功能装备“蓝鲲号”项目建造取得新进展。全球最大功率半直驱永磁风力发电机成功下线，实现了 13 兆瓦以上风力发电机整机和部件关键技术突破，为实现“碳达峰碳中和”目标贡献绿色动力。

养殖装备有序发展，现代渔业转型升级。亚洲最大的海洋牧场建造项目——“百箱计划”现已完成 3 座智能深水网箱坐底交付并开工建造首批量产智能网箱，为海洋经济囤起一座座“蓝色粮仓”。合作研制的牡蛎机械化采收平台通过验收，生产效率提升 10 倍，采收率提高至 99%。单绳养殖海带机械化连续捋切采收装备海上试验成功，比人工作业效率提高 4~5 倍。

产业集群步伐加快，引资能力提档升级。海洋高端装备产业集群列入《山东省"十四五"海洋经济发展规划》。青岛、烟台、威海三大船舶与海洋工程装备制造基地加快发展，产值占全省 70% 以上。三核引领，多点支撑，全省海洋工程高端装备特色产业园年内累计完成投资超过 300 亿元，产业集中度进一步提升。其中，东营高新区高端石油装备产业规模占到全省 70%、全国 30% 以上。

图 2-9 海洋牧场建造项目"百箱计划"——经海 002 号智能深水网箱

二、海洋生物医药业

2021 年，山东省海洋生物医药业提速换挡，逐渐摆脱新冠肺炎疫情带来的负面影响，全省海洋生物医药业增加值 146 亿元，比上年增长 19.0%（图 2-10）。

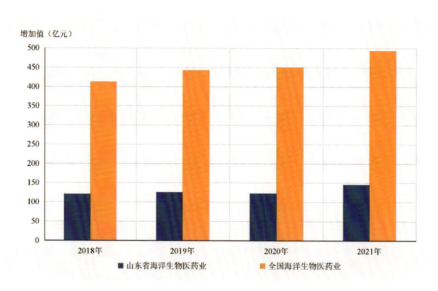

图 2-10 2018—2021 年山东省及全国海洋生物医药产业增加值
数据来源：《中国海洋经济统计公报》（2018-2021 年）。

向海寻药如火如荼，技术产品亮点纷呈。 截至 2021 年底，山东省在海洋药物筛选技术体系、资源库与信息系统构建，以及海洋小分子、海洋糖工程药物等方面取得了一系列成果，累计申请发明专利 60 余项。3 个以海洋生物为来源的 I 类新药正在进行临床前研究。继藻酸双酯钠片、甘露寡糖二酸后，抗肿瘤海洋创新药物 BG136 等重要医药产品即将进入临床试验。海洋中药岩藻聚糖硫酸酯入选"蓝色药库"计划。氨糖软骨素胶囊成功上市销售，壳聚糖、氨糖、壳寡糖系列产品年生产能力达到 300 万瓶。体内植入用超纯度海藻酸钠完成国家药品监督管理局药品审评中心登记备案，标志着体内植入级海藻酸钠打破国外垄断，正式开启国产化之路。蓝色药库正形成"聚集开发、梯次产出"的发展态势。

加速产业集群发展，强化产业金融支持。 青岛形成了崂山海洋生物特色产业园、胶南经济开发区海洋生物产业园和青岛高新区蓝色生物医药科技园 3 个以海洋生物为主导产业的特色园区。威海海洋生物与健康食品产业集群年产值突破 1 000 亿元，资源的集约和优化为生物医药"蓝色崛起"强链、补链。山东省新旧动能转换基金累计投资医养健康产业方向项目 131 个，投资金额 66.5 亿元，带动社会资本投融资 258.7 亿元。全省首支海洋生物医药产业投资基金在威海完成投资 5 000 万元，金融的支撑和保障为实体经济资金供给注入能量。

三、海水利用业

近年来，山东省将海水利用业作为战略性新兴产业重点培育，不断加强产业发展顶层设计，积极谋划和推进重点项目建设，有效拓宽了增量水源，为全省水资源安全作出了积极贡献。2021 年，全省海水利用业增加值 4 亿元，同比增长 60.0%。

项目建设赋予产业发展新动能。 截至 2021 年底，全省已建成海水淡化工程 40 个，工程规模达 45.1 万吨／日，居全国前列。华能威海一期、鲁北碧水源一期海水淡化项目投入试运行，华能董家口热电联产等海水淡化项目有序建设，龙口裕龙岛、鲁北碧水源二期等海水淡化项目正处于前期开工准备或论证中。全省沿海核电、火电、钢铁、石化等行业海水冷却用水量稳步增长，全年海水冷却利用量约 145 亿吨，同比增长 17.9%。

政策助力产业持续健康发展。《落实"六稳""六保"促进高质

量发展政策清单（第四批）》中明确提出将淡化海水纳入水资源统一
配置体系，2025 年底前对实行两部制电价的海水淡化用电免收需量（容
量）费；针对海水淡化等领域"卡脖子"技术，编制核心技术动态清单，
在重大科技创新工程中分年度给予重点支持。《落实和完善节水激励
政策若干措施》《关于深化水价机制改革促进水资源节约集约利用的
实施方案》相继印发并提出支持海水淡化产业发展的具体措施。

机制保障产业协调有序发展。共建山东海水淡化与综合利用产业
研究院，致力打造海水淡化与综合利用产业研发链和产业链。成立胶
东经济圈海水淡化与综合利用产业联盟，领域内 50 多家单位成为首
批会员。成立山东省海水淡化利用协会，协调解决产业发展中存在的
困难和问题。建立山东省海水淡化产业发展工作协调机制，统筹规划
全省海水淡化产业发展工作，研究制定支持产业发展的政策措施。

四、海洋电力业

2021 年，山东省海洋电力业取得一系列突破，全年实现增加值
102 亿元，同比增长 18.3%。科学布局渤中、半岛北、半岛南三大片区，
聚力打造千万千瓦级海上风电基地，项目开发建设向基地化、规模化
方向转变。半岛南 3 号、半岛南 4 号全容量并网，山东海上风电产业
实现"零突破"。创新"海上风电 +"发展模式，集约使用有限的海
洋空间，提升项目整体效应。鲁北盐碱滩涂地千万千瓦风光储输一体
化基地 200 万千瓦光伏项目被国家列入首批大型风电光伏基地项目，
正积极推进项目建设。

第三节 现代海洋服务业高质发展

一、滨海旅游业

2021年新冠肺炎疫情防控进入常态化，沿海地市持续强化助企纾困和刺激消费政策，助力滨海旅游业稳步复苏，全年实现增加值2 097亿元，同比增长14.3%。沿海7市接待游客总数3.2亿人次，旅游总收入4 102亿元。

项目建设取得新突破，国家文物局复函青岛市，原则同意国家海洋考古博物馆落户青岛，全国唯一的水下考古博物馆、全省第一家"国字号"央地共建博物馆建设正式拉开帷幕。整合沿海各市滨海观光大道，打造"仙境海岸自驾游公路""滨海最美公路"，推动黄河、滨海等自驾游风景廊道建设。举办2021中国红色旅游推广联盟年会、2021山东省旅游发展大会等活动，探索海洋旅游高质量发展有效路径。围绕建设黄金海岸文化旅游带，打造国际著名海岸休闲城市群，青岛积极推动奥帆文化旅游区国家5A级旅游景区创建，威海打造千里山海自驾旅游公路，烟台举办2021国际海岸生活节，进一步培育世界著名的"葡萄酒海岸"，擦亮"海岸生活"城市新名片。

二、涉海金融服务业

2021 年，山东省强化金融对海洋产业发展支撑，加快涉海金融产品服务创新，构筑多元化的涉海金融服务体系。

海洋产业与现代金融加速融合。全省累计 15 家涉海企业上市，新三板挂牌企业 25 家。全年涉海企业债券融资规模 387.4 亿元。全省新旧动能转换基金投资海洋产业项目 73 个，投资金额 36 亿元。山东省新旧动能转换引导基金参股的现代海洋产业基金数量已达 6 支，基金认缴总规模超过 116.5 亿元，入库储备海洋产业项目 68 个，通过引导基金注资和市场化募集撬动各类社会资本，充分发挥财政资金杠杆增信作用，激发全省海洋经济发展新动能。

涉海金融服务方式更加多元。设立海洋专营机构和特色支行近 30 家。兴业银行青岛分行向青岛胶州湾上合示范区发展有限公司发放全国首单湿地碳汇贷款 1 800 万元。威海国际海洋商品交易中心创新开展海产品供应链金融业务，通过海产品动产质押融资 4.9 亿元。保险机构创新开展现代渔业、航运等领域险种研发和推广。东营市创新开展黄河口大闸蟹气象指数保险试点工作，累计投保面积 690 公顷，风险保障金总额达 1 035 万元。日照市创新金融财政支持方式，将海洋牧场纳入政策性保险范围，全市海洋牧场保险保额达 2 600 万元。烟台市创新涉海保险品种，推出"深海网箱浪高指数保险""深海网箱鱼海水养殖以奖代补"等保险产品。

第四节 世界一流港口建设全速推进

2021年，山东省政府办公厅印发《关于加快推进世界一流海洋港口建设的实施意见》，世界一流海洋港口建设全面启航，海洋交通运输业进入发展快车道，全年实现增加值1 541亿元，同比增长33.3%。

港口航运市场形势向好。2021年，沿海港口完成货物吞吐量17.8亿吨，同比增长5.5%，完成集装箱3 447万标准箱，同比增长8.0%（图2-11），两项指标月度间变化较为平稳（图2-12）。开通海铁联运班列线路76条，完成海铁联运箱量256万标准箱，同比增长22.1%，保持全国沿海港口首位。水路货物运输量1.93亿吨，同比增长6.2%，水路货物周转量2 802.4亿吨千米，同比增长40.8%（图2-13）。

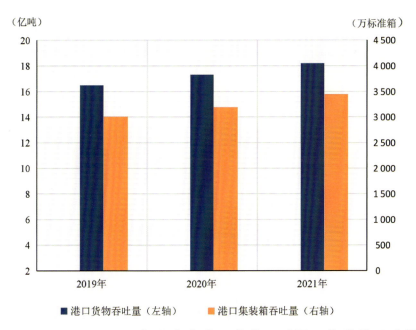

图 2-11 2019—2021 年山东省港口货物吞吐量、集装箱吞吐量
数据来源：中华人民共和国交通运输部网站。

图 2-12 2021 年山东省港口（外贸）货物吞吐量、集装箱吞吐量
数据来源：中华人民共和国交通运输部网站。

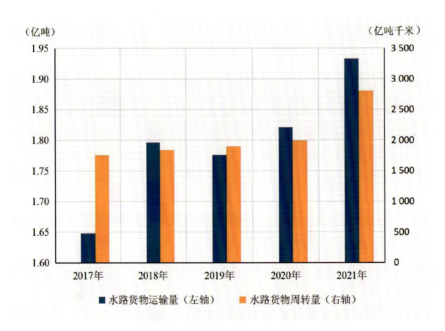

图 2-13 2017—2021 年山东省水路货物运输量和周转量
数据来源：中华人民共和国交通运输部网站。

基础设施供给能力加快提升。 全年完成投资 331 亿元，新建投产青岛港董家口港区 5 万吨级液体化工码头、日照港岚山港区 15 万吨级通用泊位、日照钢铁精品基地配套 4 万吨级成品码头等 10 个泊位，新增港口通过能力 4 000 万吨，沿海港口通过能力突破 10 亿吨。

智慧港口建设成效显著。 全球首创智能空中轨道集疏运系统（示范段）在青岛港竣工，实现了港区交通由单一平面向立体互联的革命性突破升级。"全系统、全流程、全自动"的全球首创干散货专业化码头控制技术在烟台港正式发布，成功实现了 5 项前沿技术的全球首创应用，码头综合作业效率大幅提升。"管道智脑系统"正式上线发布，在国内率先实现原油储运全息智能排产。全球首个顺岸布局的开放式全自动化码头在日照港启用，码头率先采用"北斗 +5G"技术，推出 6 项国产化、业界首创的科技成果。

图 2-14 山东港口青岛港前湾集装箱码头

　　港口服务领域大幅拓宽。开通集装箱航线 313 条，其中外贸航线
221 条，航线数量和密度均稳居我国北方港口第一位。积极开展原油
混兑、船供油等新兴业态，2021 年山东港口累计完成船供油贸易量
25.3 万吨，同比增长 129.0%。山东省港口集团设立山东港口期货交割
中心，上线细分现货、调期交易品种共 26 个；发起设立的山东港信
期货有限公司成为中国证监会时隔 20 年后核准设立的首家法人期货
公司，金融港、贸易港建设取得新突破。

第三章

海洋科技创新引领强势突破

第一节 海洋科技创新平台能级提升

海洋科技创新平台向高水平迈进，海洋科技创新能级不断提升。多措并举持续推进青岛海洋科学与技术试点国家实验室，与清华大学和北京大学签订推动海洋试点国家实验室建设合作框架协议。全国唯一获批建设的国家海洋综合试验场在威海挂牌运行，为海洋技术装备的试验、测试和评估提供开放共享的公共服务平台，助推我国自主技术研发和产品化进程。成立海洋水下装备技术研究院，国内最大海洋石油水下装备测试试验中心落成投产。国家深海基因库、国家深海大数据中心、国家深海标本样品馆深海"三大平台"启动建设，国家海洋渔业生物种质资源库、山东长岛近海渔业资源国家野外科学观测研究站、中国海洋工程研究院落户青岛，中科院海洋大科学研究中心正式启用。成立全国首个海洋负排放研究中心、海洋碳汇院士工作站、黄渤海蓝碳监测和评估研究中心等海洋碳汇创新平台。

新获批海岸带科学与综合管理等自然资源部重点实验室 3 个，新认定山东省海洋智能装备与海底信息技术重点实验室 1 个、山东省海水淡化流体装备技术创新中心等省技术创新中心 7 家（表 3-1）、山东省海洋生物基因资源利用工程技术协同创新中心等省海洋工程技术协同创新中心 21 家（表 3-2）、海洋工程碳纤维复合材料等省现代海洋产业技术创新中心 6 家（表 3-3），海洋创新主体规模持续增长。

图 3-1 国家海洋综合试验场海上测试平台

表 3-1 2021 年新建省技术创新中心名单（现代海洋领域）

序号	技术创新中心名称	建设主体单位
1	山东省陆海统筹综合技术创新中心	青岛国际院士港集团有限公司
2	山东省智慧港口技术创新中心	青岛港国际股份有限公司
3	山东省深远海资源勘采装备技术创新中心	烟台中集来福士海洋工程有限公司
4	山东省海水淡化流体装备技术创新中心	山东双轮股份有限公司
5	山东省海洋功能食品技术创新中心	好当家集团有限公司
6	山东省海洋油气钻采关键装备技术创新中心	中石化胜利石油工程有限公司
7	山东省溴系列药物技术创新中心	寿光富康制药有限公司

表 3-2 2021 年山东省海洋工程技术协同创新中心认定名单

序号	中心名称	牵头单位
1	山东省未来海洋食品工程技术协同创新中心	青岛海洋食品营养与健康创新研究院
2	山东省海洋生物基因资源利用工程技术协同创新中心	青岛华大智造科技有限责任公司
3	山东省海岸带评价与规划工程技术协同创新中心	青岛海洋地质工程勘察院
4	山东省微藻种质优化及利用工程技术协同创新中心	青岛浩然海洋科技有限公司
5	山东省船岸一体化智能系统装备工程技术协同创新中心	青岛杰瑞工控技术有限公司
6	山东省刺参良种选育与绿色养殖工程技术协同创新中心	山东黄河三角洲海洋科技有限公司
7	山东省金枪鱼精深加工工程技术协同创新中心	山东省中鲁远洋（烟台）食品有限公司
8	山东省许氏平鲉和鲍鱼种业工程技术协同创新中心	烟台经海海洋渔业有限公司
9	山东省海工用管阀工程技术协同创新中心	山东建华阀门制造有限公司
10	山东省高技术船舶通风冷却装备节能降噪技术协同创新中心	威海克莱特菲尔风机股份有限公司
11	山东省金枪鱼高值化利用工程技术协同创新中心	山东蓝润集团有限公司
12	山东省光电催化船舶烟气脱硫脱硝一体化工程技术协同创新中心	威海普益船舶环保科技有限公司
13	山东省海马良种繁育及利用工程技术协同创新中心	威海银泽生物科技股份有限公司
14	山东省海草床修复工程技术协同创新中心	荣成楮岛水产有限公司
15	山东省牡蛎养殖及精深加工工程技术协同创新中心	荣成市荣金海洋科技有限公司
16	山东省海洋牧场智能采收装备工程技术协同创新中心	威海人合机电股份有限公司

续表

序号	中心名称	牵头单位
17	山东省海洋船舶污染物减排工程技术协同创新中心	山东佩森环保科技有限公司
18	山东省藻源活性物质开发和利用工程协同创新中心	威海优艾斯生物科技有限公司
19	山东省海洋生物核酸大健康用材料工程技术协同创新中心	润辉生物技术（威海）有限公司
20	山东省新材料海洋工程应用工程技术协同创新中心	山东东盛澜渔业有限公司
21	山东省盐田虾工程技术协同创新中心	渤海水产科技（滨州）有限公司

表 3-3 2021 年山东省现代海洋产业技术创新中心认定名单

序号	中心名称	牵头单位
1	山东省现代海洋产业技术创新中心（海洋功能涂料）	海洋化工研究院有限公司
2	山东省现代海洋产业技术创新中心（海洋石油工程）	海洋石油工程（青岛）有限公司
3	山东省现代海洋产业技术创新中心（金枪鱼加工）	山东省中鲁远洋渔业股份有限公司
4	山东省现代海洋产业技术创新中心（海洋工程碳纤维复合材料）	威海光威复合材料股份有限公司
5	山东省现代海洋产业技术创新中心（硅系防腐涂料）	山东龙港硅业科技有限公司
6	山东省现代海洋产业技术创新中心（深远海养殖）	日照市万泽丰渔业有限公司

第二节 海洋科技创新成果不断丰富

海洋强省标准化建设持续推进。扎实开展标准制修订、标准化管理服务能力建设等工作。组织开展海洋标准化培训,推荐"山东标准"建设项目43项,14项地方标准项目获得立项,其中《海岸带保护与利用规划编制规程》为全国首个获批立项的海岸带保护与利用规划地方标准。国家标准、国际标准制定实现双突破。由山东省牵头制定的国家标准《海洋牧场建设技术指南》(GB/T 40946-2021)正式发布,是我国首个海洋牧场建设国家标准,为海洋牧场建设提供重要的基础支撑。压载水ISO全球首个国际标准在最终草案阶段获得全票通过,为全球海洋环境保护输出了中国方案。

海洋技术成果取得新突破。发挥海洋科技重大项目引领带动作用,实施"青岛百发海水淡化厂扩建工程"等10项现代海洋产业重大支撑性项目(表3-4)、"超大型海上结构物双船起重关键技术与装备研究"等9项省重大科技创新工程项目(表3-5)。海参功效成分解析与精深加工关键技术及应用荣获国家科学技术进步奖二等奖,海洋深水浅层钻井关键技术及工业化应用获国家技术发明奖二等奖。海洋极端环境微生物独特生命特征及环境生态效应机制和我国提出并联合8个国家共同制定的国际标准《海洋环境影响评估(MEIA)—海底区海洋沉积物调查规范—间隙生物调查》2项成果入选2021年度中国十大海洋科技进展。"蓝鲸"系列新一代超深水半潜式钻井平台研发及产业化等 18 项成果荣获山东省科学技术奖。海洋药用生物资源的挖掘与开发等 15 项成果荣获 2021 年度海洋科学技术奖。

表 3-4 2021 年现代海洋产业重大支撑性项目

序号	项目名称
1	青岛百发海水淡化厂扩建工程
2	青岛雷旺达船舶项目
3	威飞年产 300 套海洋水下生产系统项目
4	山东耕海海洋科技有限公司"耕海 1 号"（二期）项目
5	山东裕龙港务有限公司烟台港龙口港区南作业区重大件码头工程
6	明波蛤蜊产业园
7	山东中创健康科技集团有限公司中创海洋生物及细胞医疗产业项目
8	荣成诺利源生物科技有限公司荣成诺利源生物科技产业园
9	日照岚山区 500 万立石油储备库项目
10	渤海水产（滨州）有限公司渤海水产现代渔业园区 15 万水体工厂化养殖项目

表 3-5 2021 年山东省重大科技创新工程项目（海洋领域）

序号	项目名称	承担单位
1	超大型海上结构物双船起重关键技术与装备研究	山东海洋集团有限公司
2	高端客滚船高校建造关键技术研究与引用	招商局金陵船舶有限公司
3	智能环保大功率船舶双燃料发动机研制	潍柴重机股份有限公司
4	海水入侵及土壤盐渍化防控关键技术与装备研发	山东省地质环境监测总站
5	海上溢油和核事故在线监测与高效应急处置技术集成应用	中国海洋大学
6	海洋水下采油树系统关键技术研究与工程化应用	威飞海洋装备制造有限公司
7	非粘结型热塑性符合材料深水多功能柔性立管研发与海试	威海纳川管材有限公司
8	大深度长航程多功能混合驱动自主水下航行器研制	天津大学青岛海洋技术研究院
9	新型海洋生物医用材料研发与制备	中国海洋大学

第三节 海洋高端人才队伍持续壮大

推动海洋领域高端领军人才培养，吸引涉海优势人才资源向山东集聚。2021 年，山东省科学院海洋仪器仪表研究所王军成研究员和中国水产科学研究院黄海水产研究所陈松林研究员当选为中国工程院院士。中国人民解放军海军潜艇学院笪良龙获得山东省科学技术最高奖。山东省海洋领域新增 4 名国家杰出青年，4 名专业技术人才和高技能人才入选享受国务院政府特殊津贴人选。6 名涉海领域专家入选泰山学者攀登计划，14 名现代海洋产业领域高层次人才获得"山东惠才卡"。成立了由 11 名两院院士和 14 名海洋专家组成的省委海洋委专家委员会，表彰山东海洋强省建设突出贡献奖先进集体 50 个、先进个人 98 名，为实现海洋强省提供有力人才支撑和智力保障。为加快培育海洋人才，2021 年山东省级财政投入 6 400 万元，支持 9 个泰山产业领军人才工程蓝色人才团队建设，重点支持涉海企业攻克海洋生物医药、海洋高端装备制造、海洋新能源新材料等海洋新兴产业领域重大关键技术，推动研发一批具有核心竞争力和自主知识产权的新产品，促进海洋领域人才、科技和产业融合发展。

第四章

海洋生态文明建设成效显著

第一节 海洋生态保护持续强化

黄河流域生态保护和高质量发展全力推进。按照习近平总书记在深入推动黄河流域生态保护和高质量发展座谈会上的重要讲话精神，山东省积极落实黄河流域生态保护和高质量发展战略部署，坚定不移走生态优先、绿色发展的现代化道路。先后作出一系列决策部署，通过积极谋划创建黄河口国家公园、持续加强下游河道和滩区环境综合治理、分区分类推进生态环境保护修复、提高河口三角洲生物多样性等，全面推动黄河下游生态保护和高质量发展。

图 4-1 东营黄河入海口国家湿地公园

海洋生态环境持续向好。2021年，山东省进一步加强陆海统筹的生态保护体系建设，40条国控入海河流断面均达到Ⅳ类及以上水质，优良水体比例同比改善17.5个百分点，省控以上入海河流全部消除劣Ⅴ类水体。海域环境质量逐年稳步提升，2021年山东省近岸海域优良水质比例与2018年相比提高10.1个百分点（图4-2）。黄河口、莱州湾、庙岛群岛等典型海洋生态系统健康状况整体呈改善趋势，各类海洋保护区优良水质面积显著增加，沉积环境良好，保护区海洋生物物种、自然景观以及海洋和海岸生态系统等保护对象基本保持稳定。

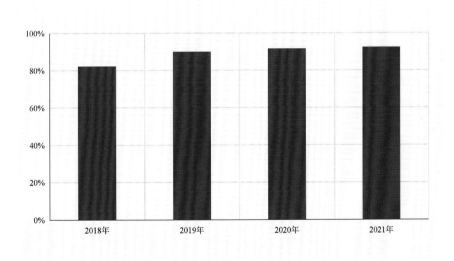

图4-2 2018—2021年山东省近岸海域水质优良比例

湾长制示范引领机制高位推动。2021 年，山东省以全面落实"湾长制"为抓手，把制度优势转化为推动海洋综合治理的强大动力，严格落实湾长会议制度和巡查制度，切实发挥各级湾长在管湾、护湾中的统筹协调作用，进一步提升管湾、护湾、治湾工作成效。在全国率先出台省级层面的"一湾一策"精准指导海湾污染整治制度文件，深入推进渤海湾、莱州湾、丁字湾等重点海湾精准治理。精心组织国家"美丽海湾"创建工作，2021 年，青岛市灵山湾以综合成绩第 1 名获评首批国家"美丽海湾"优秀案例。

图 4-3 首批国家"最美海湾"青岛灵山湾

全省首次海洋碳汇调查评估工作启动。为有效发挥湿地、海洋等固碳作用，提升生态系统碳汇增量，2021 年，山东省探索开展海洋碳

图 4-4 黄河三角洲盐沼湿地景观

汇监测评估工作，在全省范围内实施了海草床等分布调查，并会同自然资源部北海局完成黄河口盐沼试点区域的碳储量调查与评估工作。调查结果显示，全省海草床分布面积 340 余公顷，主要种类为鳗草和日本鳗草；盐沼湿地植物类型以互花米草（生物入侵物种）、芦苇、柽柳、盐地碱蓬为主。

海洋生物多样性家底基本摸清。 2021 年起，山东省开展了海洋生物多样性调查并将其作为一项长期工作。基本掌握了全省海洋浮游生物、底栖生物以及游泳动物生物多样性本底状况，获取了黄河三角洲区域湿地景观多样性特征，初步了解了滨海湿地植被、土壤、鸟类及水生生物资源等各生态系统要素的本底状况及动态变化情况，基本掌握了优先保护区域——黄河口海域海洋生物多样性状况，开展了山东海域重要经济生物三疣梭子蟹、中国对虾的遗传多样性研究调查。

第二节 海洋生态修复全面推进

海洋生态修复项目稳步实施。从生态系统整体性出发，全面推进砂质岸线修复、海堤生态化改造、坡面生态提升、潮沟疏通、植被修复及恢复、互花米草清除、底栖生物增殖、活体牡蛎礁构建、退养还海等生态修复工程。东营市、潍坊市、威海市 3 个 2021 年度海洋生态修复项目和烟台市、滨州市两个 2022 年度海洋生态修复项目纳入中央财政支持范围，共获得中央补助资金 15 亿元。海洋生态修复项目实施以来，海岸带生态功能逐渐恢复和提升。黄河三角洲通过种植盐地碱蓬，"红地毯"景观得到恢复。潍坊修复"北柳"的同时注重其综合利用，探索出滨海盐碱地生态治理新思路。长岛海洋生态文明综合试验区通过生态治理修复，大叶藻、鼠尾藻、斑海豹、江豚等海洋生物数量明显增多。

互花米草治理工作有序开展。按照《山东省互花米草防治实施方案》，全省开展互花米草空间分布调查、入侵蔓延规律研究、治理方法试点及效果监测与评估等工作。2021 年，沿海 7 地市采用"刈割 ＋ 翻耕"、挖掘深埋等方法初步治理互花米草 8 849 公顷，互花米草存量大幅减少，快速蔓延的趋势得到有效遏制，互花米草治理区域生态功能逐渐恢复。

海洋生物资源修复持续推进。2021 年，山东省常态化开展增殖放流，开创的增殖站、云放鱼、大放流等山东理念被纳入全国

"十四五"增殖放流工作指导意见。全年增殖放流各类水产苗种 42.8 亿单位，其中增殖放流中国对虾等近海捕捞渔民增收型物种 41.2 亿单位。从严落实伏季休渔制度，伏季休渔结束后，山东省近海生物资源特别是主要经济鱼类资源恢复明显。

渤海综合治理攻坚战效果显现。自《渤海综合治理攻坚战行动计划》以来，山东积极响应落实，完成渤海攻坚海洋生态修复任务审查备案工作，认定整治修复滨海湿地 4 675 公顷和岸线 62.82 千米，分别完成任务目标的 123.0%、285.5%。

第三节　海洋防灾减灾卓有成效

海洋灾害风险普查启动实施。自 2020 年 6 月启动的第一次全国自然灾害综合风险普查是一项重大的国情国力调查，海洋灾害是普查的主要灾种之一。2021 年，山东省各级海洋主管部门扎实推进普查工作，先后完成国家普查办"日照岚山风险普查试点大会战"任务和青岛市崂山区等 5 个县级国家试点任务，已形成风暴潮、海啸灾害致灾调查，海岸防护工程、海水养殖区、渔港、滨海旅游区重点隐患排查和隐患汇总记录等工作成果。

海洋生态预警预报服务持续优化。2021 年，全年发布赤潮快报、水母灾害预警监测简报、典型生态系统预警监测简报、海洋保护地调查简报、海洋生态基础预警监测简报以及年报、专报等各类报告 50

余期。发布海洋灾害预警信息 104 期，其中，风暴潮预警 32 期，海浪预警 72 期。通过广播和网络每日发布海洋预报、山东省海洋牧场环境预报和齐鲁美丽海岛环境预报。

海洋灾害应急处置能力进一步提升。2021 年，山东省遭受史上规模最大的浒苔绿潮灾害，持续时间达 108 天。为全力做好浒苔绿潮灾害防控处置工作，在自然资源部的指导和山东省委、省政府的领导下，成立省级浒苔绿潮灾害应急处置指挥部。制定应急处置工作方案，筑牢"海上打捞＋近岸拦截＋岸滩清理"三道防线。通过设置陆上监测点、开展海上巡查、依托卫星遥感等方式，及时发布入侵浒苔绿潮发展动向。创新试验浒苔处置方法，力争"海上灾害海上处置"。全省共打捞清理浒苔 181.4 万吨，其中海上打捞 76.4 万吨，陆岸清理 105.0 万吨。同时，为适应赤潮灾害应急管理新形势，进一步提高应对工作及时性和有效性，2021 年山东省修订印发《山东省赤潮灾害应急预案》。

第五章

海洋开放合作持续深化

第一节 海洋对外贸易增势稳健

全省海洋对外贸易快速增长。2021 年，山东省水路运输进出口额 25 071 亿元，同比增长 29.8%，占全省进出口总额的 85.6%（图 5-1）。其中，出口额 15 055 亿元，同比增长 31.1%；进口额 10 016 亿元，同比增长 27.9%。全省与"一带一路"沿线国家进出口总额 9 376 亿元，其中水路运输占 86.1%，达到 8 069 亿元，同比增长 38.4%（图 5-2）。全省与 RCEP（区域全面经济伙伴关系协定）成员国进出口总额 10 308 亿元，其中水路运输占 86.7%，达到 8 936 亿元，同比增长 31.0%（图 5-3）。全年新设涉海类外资企业 51 家，实际使用外资 4.2 亿美元，同比增长 1.4 倍。

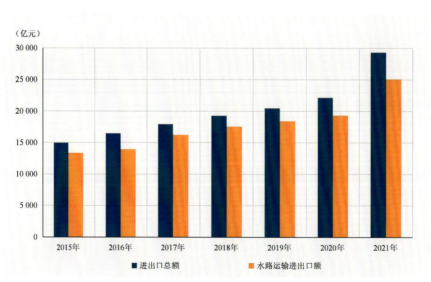

图 5-1 2015—2021 年山东省对外贸易进出口额
数据来源：中华人民共和国济南海关。

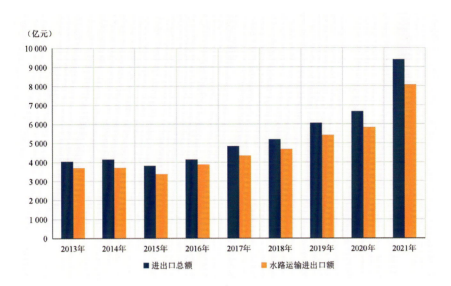

图 5-2 2013—2021 年山东省对"一带一路"沿线国家进出口额
数据来源：中华人民共和国济南海关。

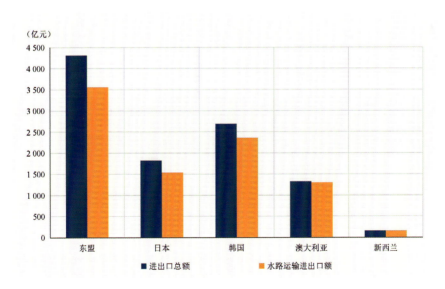

图 5-3 2021 年山东省与 RCEP 成员国进出口额
数据来源：中华人民共和国济南海关。

与沿海国家区域经贸合作持续走向深入。2021 年恰逢中国—东盟建立对话关系 30 周年、中国—东盟全面战略伙伴关系建立元年，作为山东省第一大贸易伙伴，东盟与山东省合作不断深化。成功举办中国（山东）—东盟中小企业合作发展大会，山东企业与东盟企业签约合作项目 19 个。2021 年，全省东盟外商直接投资企业 146 家，实际利用东盟资金 15.8 亿美元，同比增长 51.3%。举行山东与世界 500 强连线暨深化与日韩合作推进会，23 个日韩重点项目进行线上签约。2021 年，全省日韩外商直接投资企业 829 家，同比增长 11.1%，实际利用日韩资金 18.2 亿美元，同比增长 52.2%。

自贸试验区模式创新助力海洋合作发展。以自贸试验区青岛片区、烟台片区为重点，引导国际资本向海洋倾斜，全年推动自贸试验区青岛片区 17 项海洋领域试点任务落地实施，烟台片区 18 项海洋领域试点任务按计划推进。建设山东国际大宗商品交易市场。大力推广跨境电商先进发展模式与经验，创新推出"船铁直转"、海铁联运货物"全程联运提单"、自动化码头无人卡口监管等高效服务模式。青岛市生物样本进口"清单跟踪推进式"监管创新模式等 5 个海洋经济类创新案例入选山东自贸试验区首批最佳实践案例。

第二节 海洋开放合作平台高效支撑

依托高能级平台开展海洋领域开放合作。以中国—上海合作组织地方经贸合作示范区为载体，着力推动中鲁海洋创新产业园、上合示范区海洋装备综合服务平台等现代海洋产业项目建设。高水平建设中国—上海合作组织地方经贸合作示范区海洋科学与技术国际中心，举办世界海洋科技论坛海洋观测与探测技术分论坛等有影响力的海洋科技活动。

深化东亚海洋合作平台建设。自 2013 年李克强总理在东盟与中日韩领导人会议上宣布建设东亚海洋合作平台以来，东亚海洋合作平台青岛论坛已举办五届，共邀请来自 80 多个国家和地区的 100 余位副部级以上官员、40 多个国际组织和商协会负责人等嘉宾参会参展，集中签约涉海项目 22 个，总投资 824 亿元。编制完成《东亚海洋合作平台建设规划（2021—2025 年）》，为制定实施任务方案、政策措施和建设相关工程项目提供依据。

积极搭建地方性海洋合作平台。在青岛搭建面向韩国、日本、德国、以色列、上合组织国家的 5 个国际客厅，为前来做客的各国企业、商会等提供集展示、推介、路演、接洽、交易等功能为一体的综合性平台。成功举办第三届潍坊国际海洋动力装备博览会、联合国海洋科学促进可持续发展十年中国研讨会等重大会议活动，其中第三届潍坊国际海洋动力装备博览会达成合作成果 26 项，协议总投资 190.2 亿元。

图 5-4 第三届潍坊国际海洋动力装备博览会重点合作项目签约仪式

第三节 海洋开放合作领域稳步拓展

继续加强传统海洋产业领域开放合作。在海洋渔业、海洋水产品加工、海洋化工等传统产业领域加大开放合作力度，以新旧动能转换为抓手，促进产业转型升级。积极引导渔业企业"走出去"，支持有实力的企业发挥产业优势，在渔业资源丰富的国家建立渔业养殖、捕捞、加工基地和营销网络，2021 年全省海洋渔业领域备案境外投资企业 5 家，备案投资 3 157.9 万美元。

重点推动海洋战略性新兴产业领域开放合作。在海洋生物医药、海洋工程装备、海洋新能源和新材料等新兴产业领域深化开放合作，助力新兴产业发展。引进美国嘉吉集团"年产20万吨高效海洋生物营养制剂生产项目"。新加坡TUFF海工首家中国子公司"塔福能源有限公司"正式落户。

海洋科技合作水平持续提升。中国—上海合作组织地方经贸合作示范区海洋科学与技术国际中心与白俄罗斯国家科学院物理研究所、乌克兰国立技术大学基辅工学院、德国锡根大学、俄罗斯科学院远东分院太平洋海洋研究所签订战略合作协议，建成"中国—白俄罗斯海洋新型光电技术创新中心""中国—乌克兰海洋声学国际技术创新中心""中国—德国新材料技术创新中心""中国—俄罗斯海洋与极地环境监测技术创新中心"等4个国际合作中心。孵化山科神光科技、罗梅森海洋技术、欧谱赛斯海洋科技、觅海科技等4家高科技企业，相关成果解决了我国海洋检测设备领域"卡脖子"技术，打破国外产品垄断。

第六章

海洋综合治理能力不断提升

第一节 海洋发展战略规划日趋完善

加强海洋发展战略顶层设计，稳步推进海洋强省建设。山东省委召开海洋强省建设工作会议、海洋委第四次全体会议，对海洋工作作出专门部署。印发《关于贯彻落实习近平总书记在深入推动黄河流域生态保护和高质量发展座谈会上的重要讲话精神 着力推动海洋经济走在前的实施方案》，提出 24 项细化实化工作措施。省委、省政府印发《海洋强省建设行动计划》，实施新一轮海洋强省建设"十大行动"。

完善海洋法律法规与规划体系，有效提升制度保障水平。首次以省政府办公厅名义印发《山东省"十四五"海洋经济发展规划》，为"十四五"时期山东省海洋经济高质量发展提供根本遵循。相关涉海部门相继印发《山东省国土空间生态修复规划（2021—2035 年）》《山东省"十四五"海洋生态环境保护规划》《山东省海洋生态保护修复规划》《山东省养殖水域滩涂规划（2021—2030 年）》《山东省渔港经济区规划（2021—2025 年）》等，为加快海洋强省建设奠定坚实基础。沿海地市围绕海洋经济发展、海洋资源利用、海洋生态保护相继出台一系列法律法规和政策规划。

第二节 海域与海岛管理规范有序

完善海域使用管理制度，提升资源集约节约利用水平。山东省财政厅、山东省自然资源厅联合印发《山东省海域使用金征收标准》，进一步完善海域有偿使用管理制度。山东省海洋局研究制定陆海交叉区域用地、用海问题处置政策，积极开展海域使用立体分层设权政策研究，起草了《关于推进光伏发电海域立体使用管理的指导意见》。组织开展海域使用后评估试点工作，进一步完善海域使用事前、事中、事后管理制度。编制完成《关于建立实施山东省海岸建筑退缩线制度的通知》《山东省海岸建筑退缩线划定技术指南》。进一步规范海域使用论证报告的编制及审查工作，完成 6 个项目海域使用论证报告的审查，提升海域使用论证报告编制质量。

强化海域海岛综合管理，增强要素服务保障能力。完成海岸线修测工作，修测成果通过自然资源部审查，经山东省政府批复同意，山东省自然资源厅印发实施。贯彻落实国家和山东省委省政府严管严控围填海要求，严格新增围填海审查。完成全省海域使用现状年度调查分析，严格落实海域日常巡查制度和海岛定期巡查制度。全力保障重大项目用海，加快推进海阳核电等 17 个国家重大项目用海手续办理，完成裕龙岛炼化一体化项目填海竣工验收。按照自然资源部的部署，全面启动养殖用海调查，完成调查成果图斑 21 276 个、养殖用海面积约 1 万平方千米，建立全省养殖用海电子数据集，形成全省养殖用海调查报告。完成 2020 年省批项目和裕龙岛炼化一体化项目（一期）

海域动态监视监测工作。对全省 557 个无居民海岛开发利用现状开展监视监测工作，并选取 60 个有开发利用活动的无居民海岛进行登岛监视监测，形成山东省无居民海岛监视监测报告，掌握了全省无居民海岛开发利用现状。

第三节 海洋与渔业执法精准有力

开展专项执法行动，严厉查处重大违法用海行为。 2021 年，山东省各级海洋部门配合做好第二轮中央环保督察和国家海洋督察调阅及核查工作，坚决遏制、严厉查处违法违规围填海行为。开展海域使用、海岛等专项执法行动，严厉查处重大违法用海用岛、破坏海洋生态环境及无居民海岛违法行为。对 21 期 135 处疑点疑区图斑及时进行现场核查，共检查用海项目 2 518 个次、海洋生态整治修复项目 153 个次、海岛 434 个次，查处海域违法案件 8 起，查处新增海域违法案件 3 起。组织开展裕龙岛炼化一体化项目（一期）用海执法监管，确保重大项目依法依规用海。

采取严格管控措施，加强渔业执法监管。 2021 年 8 月，山东省委海防办组织召开专题会议，对伏季休渔后期管理工作进行研究部署。采取"史上最严"的管理措施，特别是聚焦涉外渔船，提出"五个零"的刚性要求。对渔船和渔港实行双包保责任制，实施网格化、精细化管理。全面落实智慧防控全域全覆盖，实施省、市、县三级渔船渔港动态监控平台全天候值守。同时，强化海上安全管理，定期开展山东省渔业安全生产突发事件应急演练，全面提高海上事故防范和应急处置能力。

多方联动齐抓共管，开展伏季休渔联合执法。 制定下发《关于开展山东省海洋伏季休渔十大专项执法行动的通知》，深化与海警、海事、市场、城管等部门紧密型、常态化的联合执法机制，形成全省伏季休渔综合管控一盘棋。伏季休渔期间，全省共出动执法人员 6.7 万余人次、执法车辆 1.1 万余辆次、执法船艇 4 000 余艘次，检查渔港码头 1.7 万个次，检查渔船近 18 万艘次，检查市场 1 200 多个次，查获违法违规渔船 923 艘。没收违规渔获物 4.6 万余千克、网具 4.8 万余套，清理海上违规布设的流刺网 5 万多米。2021 年，全省 17 164 艘应休渔渔船全部按时返船籍港休渔。

图 6-1 2021 年伏季休渔期渔船停港靠岸

附录

附录 1 2021 年山东省海洋综合管理政策汇编目录

地区	文件名称	发布机构	发布时间
山东省	《山东省规范海洋渔业船舶捕捞规定》	山东省第十三届人民代表大会常务委员会	2021.01.28
	《山东省海域使用金征收标准》	山东省财政厅 山东省自然资源厅	2021.02.19
	《山东省人民政府办公厅关于加快推进世界一流海洋港口建设的实施意见》	山东省人民政府办公厅	2021.03.20
	《2021年全省湾长制工作要点》 《渤海湾（山东部分）污染整治指导意见》 《莱州湾污染整治指导意见》 《丁字湾污染整治指导意见》	山东省人民政府办公厅	2021.05.29
	《山东省生物多样性保护战略与行动计划（2021—2030 年）》	山东省生态环境厅、山东省发展和改革委员会、山东省财政厅、山东省自然资源厅、山东省水利厅、山东省农业农村厅、山东省卫生健康委员会、山东省海洋局	2021.05.31
	《山东省"十四五"战略性新兴产业发展规划》	山东省发展和改革委员会	2021.07.14
	《胶东经济圈"十四五"一体化发展规划》	山东省发展和改革委员会	2021.07.17
	《山东省养殖水域滩涂规划（2021—2030 年）》	山东省农业农村厅	2021.07.30
	《山东省能源发展"十四五"规划》	山东省人民政府	2021.08.09
	《山东省"十四五"自然资源保护和利用规划》	山东省人民政府	2021.09.17
	《山东省渔港经济区规划（2021—2025 年）》	山东省农业农村厅	2021.09.30
	《山东省"十四五"海洋生态环境保护规划》	山东省生态环境委员会办公室	2021.10.09
	《山东省"十四五"海洋经济发展规划》	山东省人民政府办公厅	2021.10.26
	《烟台黄渤海新区发展规划》	山东省发展和改革委员会	2021.12.28
	《山东省国土空间生态修复规划（2021—2035 年）》	山东省自然资源厅、山东省发展和改革委员会、山东省财政厅、山东省生态环境厅、山东省住房和城乡建设厅、山东省交通运输厅、山东省水利厅、山东省农业农村厅、山东省能源局	2021.12.28
	《山东半岛城市群发展规划》	山东省人民政府	2021.12.31
	《山东省赤潮灾害应急预案》	山东省海洋局	2021.12.31
	《山东省海洋生态保护修复规划（2021—2025 年）》	山东省海洋局	2021.12.31
青岛市	《青岛市国民经济和社会发展第十四个五年规划和2035年远景目标纲要》	青岛市人民政府	2021.02.18
	《青岛市"三线一单"生态环境分区管控方案》	青岛市人民政府	2021.06.30
	《青岛市"十四五"生态环境保护规划》	青岛市人民政府	2021.09.22
	《青岛市"十四五"海洋经济发展规划》	青岛市人民政府办公厅	2021.12.10
东营市	《东营市国民经济和社会发展第十四个五年规划和2035年远景目标纲要》	东营市人民政府	2021.04.25
	《东营市"三线一单"生态环境分区管控方案》	东营市人民政府	2021.06.30

续表

地区	文件名称	发布机构	发布时间
东营市	《2021年东营市湾长制工作要点》 《渤海湾（东营部分）污染整治实施方案》 《莱州湾（东营部分）污染整治实施方案》	东营市人民政府办公室	2021.07.28
	《东营市黄河三角洲生态保护与修复条例》	东营市人民代表大会常务委员会	2021.12.08
	《东营市"十四五"综合防灾减灾规划》	东营市人民政府办公室	2021.12.31
烟台市	《烟台市"十四五"海洋经济发展规划》	烟台市人民政府	2021.03.10
	《烟台市国民经济和社会发展第十四个五年规划和2035年远景目标纲要》	烟台市人民政府	2021.06.12
	《烟台市"三线一单"生态环境分区管控方案》	烟台市人民政府	2021.06.24
	《全市海上安全生产工作方案》	烟台市人民政府办公室	2021.07.03
	《烟台市养马岛生态环境保护条例》	烟台市人民代表大会常务委员会	2021.09.30
	《烟台市芝罘岛生态环境保护条例》	烟台市人民代表大会常务委员会	2021.12.07
	《烟台市入海排污口管理办法》	烟台市政府	2021.12.29
	《烟台市海洋生态环境保护"十四五"规划》	烟台市生态环境局	2021.12.31
潍坊市	《潍坊市国民经济和社会发展第十四个五年规划和2035年远景目标纲要》	潍坊市人民政府	2021.05.14
	《潍坊市"三线一单"生态环境分区管控方案》	潍坊市人民政府	2021.06.08
	《潍坊市人民政府办公室关于全面推行渔港港长制促进渔港高质量发展的实施意见》	潍坊市人民政府办公室	2021.08.12
	《潍坊市"十四五"海洋经济发展规划》	潍坊市人民政府办公室	2021.12.16
	《潍坊市"十四五"自然资源保护和利用规划》	潍坊市人民政府	2021.12.30
威海市	《威海市国民经济和社会发展第十四个五年规划和二〇三五年远景目标纲要》	威海市人民政府	2021.05.19
	《威海市"三线一单"生态环境分区管控方案》	威海市人民政府	2021.06.17
	《威海市人民政府办公室关于全面推行渔港港长制的意见》	威海市人民政府办公室	2021.09.25
	《威海市"十四五"生态环境保护规划》	威海市人民政府	2021.12.02
	《威海市"十四五"海洋经济发展规划》	威海市人民政府办公室	2021.12.21
日照市	《日照市国民经济和社会发展第十四个五年规划和2035年远景目标纲要》	日照市人民政府	2021.06.30
	《日照市"三线一单"生态环境分区管控方案》	日照市人民政府	2021.06.30
	《日照市"十四五"生态环境保护规划》	日照市人民政府	2021.12.22
	《日照市"十四五"海洋经济发展规划》	日照市人民政府办公室	2021.12.23
滨州市	《滨州市国民经济和社会发展第十四个五年规划和2035年远景目标纲要》	滨州市人民政府	2021.05.31
	《滨州市"三线一单"生态环境分区管控方案》	滨州市人民政府	2021.06.30
	《滨州市临海特色产业发展规划》	滨州市人民政府办公室	2021.12.31
	《滨州市"十四五"海洋经济发展总体规划》	滨州市人民政府办公室	2021.12.31

附录 2 主要专业术语

1. **海洋经济:** 开发、利用和保护海洋的各类产业活动,以及与之相关联活动的总和。

2. **海洋产业:** 开发、利用和保护海洋所进行的生产和服务活动。

注:主要包括以下 4 个方面:

——直接从海洋中获取产品的生产和服务活动;

——直接从海洋中获取产品的加工生产和服务活动;

——直接应用于海洋和海洋开发活动的产品生产和服务活动;

——利用海水或者海洋空间作为生产过程的基本要素所进行的生产和服务活动。

3. **海洋生产总值:** 海洋经济生产总值的简称,指按市场价格计算的沿海地区常住单位在一定时期内海洋经济活动的最终成果,是海洋产业和海洋相关产业增加值之和。

4. **增加值:** 按市场价格计算的常住单位在一定时期内生产与服务活动的最终成果。

5. **海洋科研教育管理服务业:** 开发、利用和保护海洋过程中所进行的科研、教育、管理及服务等活动,包括海洋信息服务业、海洋环境监测预报服务、海洋保险与社会保障业、海洋科学研究、海洋技术服务业、海洋地质勘查业、海洋环境保护业、海洋教育、海洋管理、海洋社会团体与国际组织等。

6. **海洋相关产业:** 以各种投入产出为联系纽带,与主要海洋产业构成技术经济联系的上下游产业,涉及海洋农林业、海洋设备制造业、涉海产品及材料制造业、涉海建筑与安装业、海洋批发与零售业、涉海服务业等。

7. 海洋渔业: 包括海水养殖、海洋捕捞、远洋捕捞、海洋渔业服务业和海洋水产品加工等活动。

8. 海洋水产品加工业: 指以海产品为主要原料,采用各种食品贮藏加工、水产综合利用技术和工艺进行加工的活动。

9. 海洋油气业: 在海洋中勘探、开采、输送、加工原油和天然气的生产活动。

10. 海洋矿业: 包括海滨砂矿、海滨土砂石、海滨地热、煤矿开采和深海采矿等采选活动。

11. 海洋盐业: 利用海水生产以氯化钠为主要成分的盐产品的活动,包括采盐和盐加工。

12. 海洋船舶工业: 以金属或非金属为主要材料,制造海洋船舶、海上固定及浮动装置的活动,以及对海洋船舶的修理及拆卸活动。

13. 海洋工程装备制造业: 指为海洋资源勘探开发与加工储运、海洋可再生能源利用及海水淡化及综合利用进行的大型工程装备和辅助装备的制造活动。

14. 海洋化工业: 以海盐、海藻、海洋石油为原料的化工产品生产活动。

15. 海洋生物医药业: 以海洋生物为原料或提取有效成分,进行海洋药品与海洋保健品的生产加工及制造活动。

16. 海洋电力业: 在沿海地区利用海洋能、海洋风能等可再生能源进行的电力生产活动。

17. 海水利用业: 对海水的直接利用、海水淡化和海洋化学资源综合利用活动。

18. 海洋交通运输业: 以船舶为主要工具从事海洋运输以及为海洋运输提供服务的活动。

19. 滨海旅游业: 依托海洋旅游资源,开展的海洋观光游览、休闲娱乐、度假住宿、体育运动等活动。

20. 北部海洋经济圈: 由辽东半岛、渤海湾和山东半岛沿岸地区所组成的经济区域,主要包括辽宁省、河北省、天津市和山东省的海域与陆域。

21. 东部海洋经济圈: 由长江三角洲的沿岸地区所组成的经济区域,主要包括江苏省、上海市和浙江省的海域与陆域。

22. 南部海洋经济圈: 由福建、珠江口及其两翼、北部湾、海南岛沿岸地区所组成的经济区域,主要包括福建省、广东省、广西壮族自治区和海南省的海域与陆域。